北京动物园保护教育系列丛书

哇！奇妙动物园

伪装大师变形记

张成林　李士杰　主　编

中国出版集团　现代出版社

北京动物园保护教育系列丛书

《哇！奇妙动物园》

（排名不分先后）

主　编： 张成林　李士杰

副主编： 郑常明　贾　婷　刘泽文　林乐乐　尹　群

编　者： 丁　楠　邓　晶　龚　静　李　静　冯　妍
张媛媛　李　菁　徐　康　王　征　尹　鑫
乔轶伦　张　浩　乐　静　王　曦　赵　建
王　昭　王立莹　孟　彤　毛　宇　郝菲儿
刘学锋　李　伟　杨晓瑞　杨奇琴　赵紫薇
周玲玲　徐　柳　徐银健　刘建广　洪　宇

组　编： 北京动物园管理处
圈养野生动物技术北京市重点实验室

小朋友们，你们知道北京动物园吗？北京动物园是国内最大的动物园之一，在全球也享有盛名。这里有许多神奇的动物，吸引了无数大朋友、小朋友前来游玩参观。别看如今的北京动物园人来人往、热闹非凡，实际它最早的名字并不叫动物园。

早在清光绪三十二年（公元 1906 年），清政府就建立起了农事试验场，这是我国历史上的第一座动物园。这样算来，到 2024 年，北京动物园已经 118 岁了。上百年来，农事试验场的名字发生了多次变化。直到 1949 年中华人民共和国成立之时，这里才更名为“西郊公园”。1950 年 3 月 1 日，西郊公园正式开放，也是从这个时候开始，园区的面积不断扩大，入驻的动物也越来越多。

经过六年的不懈努力，西郊公园初具动物园的规模，展出的动物也达到了二百余种，终于在 1955 年 4 月 1 日，经北京市人民政府批准，正式更名为“北京动物园”。后来，北京动物园的规模逐渐扩大，一批现代化的兽舍和展区相继建成，越来越多的动物住了进来，能够和小朋友们见面。随着经济发展和社会繁荣，北京动物园慢慢变成了今天我们看到的样子。

为了让小朋友们认识更多的动物朋友，树立保护环境和动物的意识，我们特别编写了这套书，分别从动物的进食行为、繁殖行为、伪装防御行为、社群通信行为四个角度介绍了 30 种常见的动物。为了更好地生存，动物们练就了一身“独门绝技”。本书用简洁、生动的语言，配合真实的照片和有趣的漫画，帮助小朋友们了解这些动物的习性和特点。除此之外，我们还在每册书的最后，附赠了研学小指南和研学调查表，鼓励小朋友们运用科学的方法探索自己感兴趣的动物，培养科学探索精神和动手实践能力。各位小科学家在调查研究的时候，一定要注意自身安全，也要注意保护环境，不要打扰动物朋友们的生活哟！

书中介绍的大部分动物朋友都入驻了北京动物园，如果你对它们感兴趣，可以让爸爸妈妈带你来动物园游玩，看看书中描述的动物和真实的动物有什么不一样。在这里，你不仅可以体验近距离观察动物的乐趣，还有机会在动物保育员的指导下和动物们互动。怎么样，是不是很心动呢？北京动物园期待你的到来哦！

——北京动物园管理处

目录

去动物园看动物的
6个约定

关闭闪光灯，
避免伤害动物。

遵守指示牌规定，
不要违规行动。

爱护园内设施，
不要奔跑攀爬。

尊重工作人员，
听从专业指挥。

不要乱丢垃圾，
保证园区清洁。

禁止随意触碰，
防止危险发生。

斑马 Zebra

穿黑白条纹衫的“胆小鬼”

斑马是因为爱好时尚才长了一身独特的黑白条纹吗？这么显眼的黑白条纹，是怎样逃过捕食者的眼睛的呢？让我们带着这些问题，去认识一下斑马吧！

让我看看，谁在
说我们的坏话。

思维导图

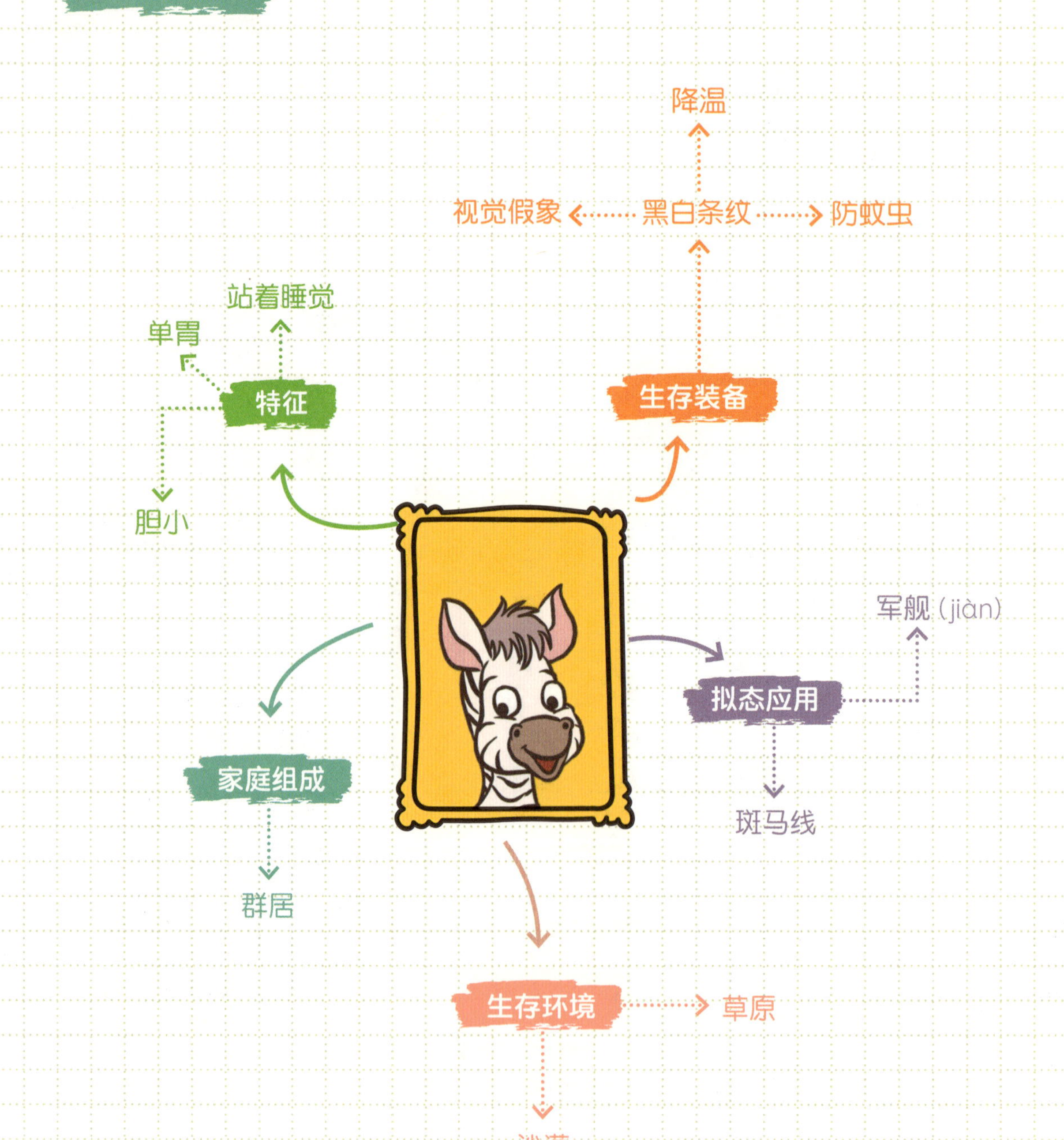

降温
视觉假象
黑白条纹
防蚊虫
站着睡觉
单胃
特征
生存装备
胆小
军舰（jiàn）
拟态应用
家庭组成
斑马线
群居
生存环境
草原
沙漠

站着睡觉的斑马

小朋友们，你们知道吗？为了生存，斑马进化出了一个奇葩的本领——站着睡觉。

斑马是动物界的“胆小鬼”，与那些单独行动的动物们相比，它们更喜欢成群结队地生活，是典型的群居动物。在广阔的大草原上，到处都是捕食者。白天觅食的时候，斑马群里的成员会轮流警戒，一有危险便发出长嘶的警告声，其他成员听到声音会立即停止进食，迅速逃跑。晚上的大草原一片漆黑，斑马害怕睡着后被猛兽吃掉，因此很少躺下睡，而是选择站着睡。这样危险来临的时候，它们就能尽快逃跑，保住性命。

为了生存，斑马真是**竭**（jié）**尽所能**呀！

保育员说

小条纹，大作用

斑马是马科动物，原产于非洲，因为身上长有条纹而得名斑马。小朋友们可能会问，斑马的黑白条纹那么显眼，在宽广辽阔的大草原上，岂不是很容易被捕食者发现并吃掉，那它们为什么还要长黑白条纹呢？可别小看了这些条纹，它们的作用可大着呢。

首先，条纹是斑马适应环境的保护色，可以迷惑捕食者。非洲大草原上的遮蔽物很少，不利于斑马藏身。作为群居动物，大量斑马聚集在一处时，无数的条纹撞在一起，会让捕食者**眼花缭**（liáo）**乱**。尤其

小知识

斑马是色盲，但又是群居动物。为了分清同类，这些黑白相间的斑纹便充当了“指纹”一样的作用——没有哪两匹斑马的条纹是完全相同的。

是斑马跑起来的时候，流动的条纹会让捕食者产生视觉假象，误以为斑马是很大的动物。在捕食者晃神的刹那，就可能给斑马制造逃跑的机会。

其次，黑白条纹能够降温。大家都知道，夏天穿白色衣服会比黑色衣服凉快，因为黑色容易吸热。斑马的黑白条纹也会因为吸热程度不同，而在皮肤上层形成温度差，进而产生微弱气流，为斑马降温。

最后，斑马的条纹有防蚊虫叮咬的作用。科学家通过研究发现，动物肤色越深越一致，反射的光线就越均匀。而斑马这身黑白相间的“外套”，反射的光线杂乱无章，大大降低了被蚊虫发现的概率。

小知识

“一战”期间，英国海军模仿斑马条纹，把军舰涂上了相似的黑白迷彩，让军舰在大海上“隐身”，使敌军对军舰的距离和航速产生错误的判断，从而降低被击中的概率（gài lǜ）。后来，随着雷达和声呐的普及，这种只能欺骗肉眼的伪装术才慢慢在战场上消失。

斑马有话说

通过前面的介绍，大家是不是对斑马一族有了更深的了解呢？我们因为常年生活在猛兽出没的非洲大草原上，所以性格有些敏感。大家来动物园看我们时，千万记得不要投喂我们，更不能吓唬我们，否则可能会挨踹！

生活当中还有一个常见的道路标志跟我们有关，那就是“斑马线”。斑马线由多条相互平行的白色实线组成，好似我们身上的条纹。斑马线能提醒过往车辆注意行人，引导行人安全地通过马路。小朋友们一定记得过马路时要走斑马线哦！

我住在非洲动物区，记得来看我哦！

四格漫画

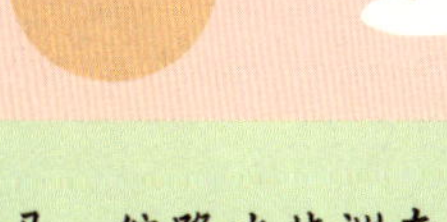

非洲北部的斑马，纹路比非洲南部斑马明显得多，能更好地为自己降温。

细纹斑马　　**普通斑马**

老兄，你已经暴露了！

变色龙 Chameleon

动物界的“变装达人”

“小小脑袋三角形，酷似蜥蜴爱爬行；换衣变装来隐形，丛林伪装它最行。”小朋友们，你能猜到这是哪种动物吗？对了，就是动物界的“伪装大师”——变色龙。

变色龙是蜥蜴家族的一员，它最大的本领就是会变色。你想知道变色龙是如何变色的吗？除了伪装，变色还有其他作用吗？

思维导图

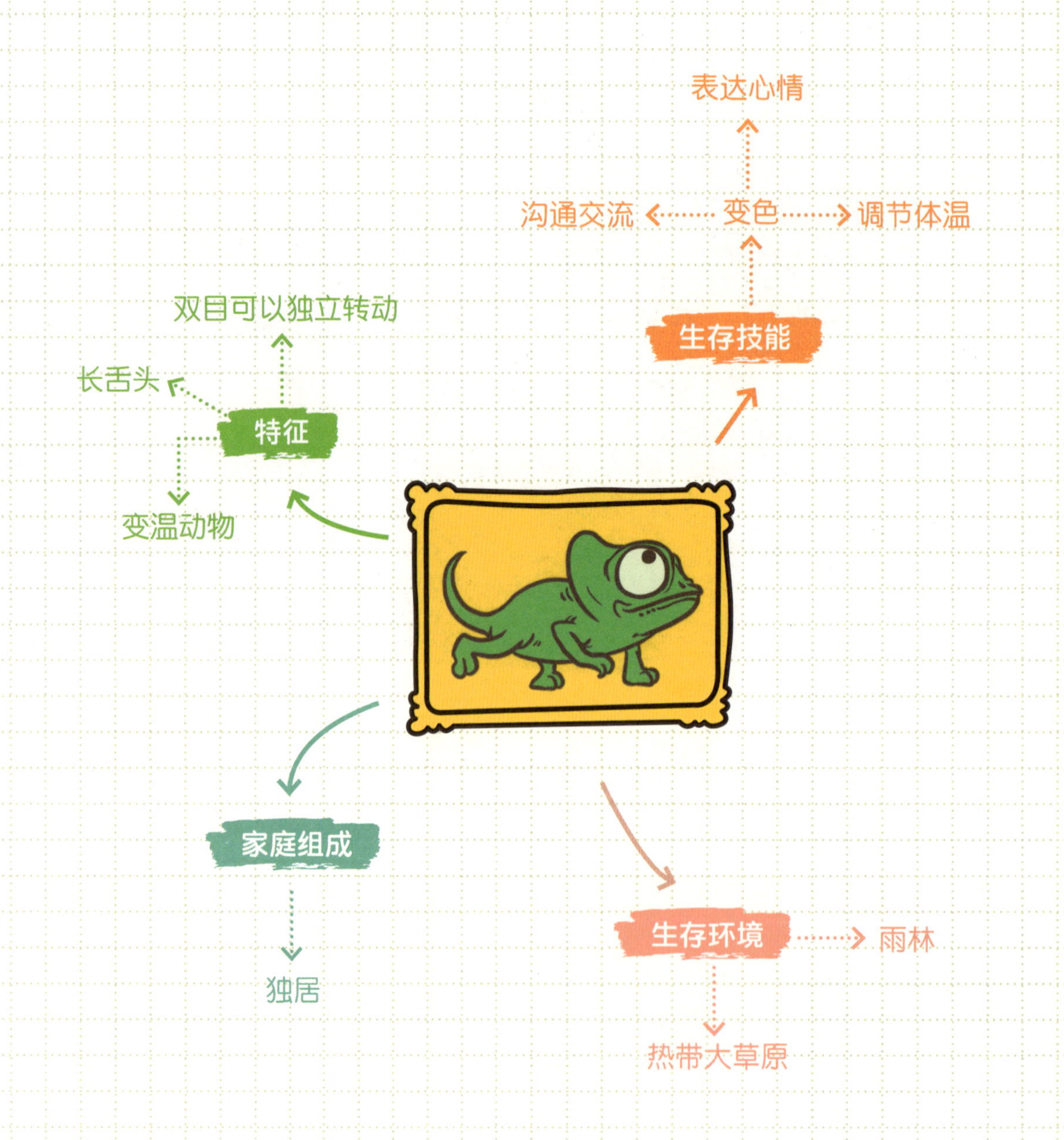

表达心情
沟通交流
变色
调节体温
生存技能
双目可以独立转动
长舌头
特征
变温动物
家庭组成
独居
生存环境
雨林
热带大草原

变色是一种独特的“语言”

变色龙的学名叫作避役，是产于东半球的爬行动物，大多生活在树上。

变色龙没有外耳、中耳，因此听不到声音。它也没有真正意义上的面部表情，不能将喜怒哀乐传递给同伴。但它却掌握了另一种表达心情、传递信息的技能，那就是变换体色。比如，雄性在展示它们的统治地位时，体色会变得更加鲜亮；雌性对雄性有敌意，或者不愿与雄性交配时，体色会变暗，还会出现红斑。当变色龙受惊、发怒，或者暴露于强光、寒冷之处时，体色会变成蓝绿色、黑色或紫色。

变色龙通过变换体色表达心情、传递信息。

小知识

变色龙与壁虎同属于蜥蜴家族，但是变色龙不会断尾自救。变色龙的尾巴可以帮助它平衡身体，尾巴断了无法再生，还会导致变色龙行动不便。

变色龙的尾巴不能再生，断掉之后不利于爬树。

保育员说

变色龙的变色原理与作用

通过前面的阅读，小朋友们知道了变色龙是通过体色变化来进行交流的。那么，它们是怎样变色的呢？除了交流，变色还有别的作用吗？接下来，就让我们继续探索变色龙的秘密吧！

变色龙最拿手的绝活就是变色，它会通过“变装”保护自己不被天敌发现。变色龙放松的时候，一般是绿色的，它的体色可以根据环境和心情随时变成深绿、浅绿、紫色、蓝色、褐色等，甚至还能变出令人**眼花缭乱**的花纹。

小知识

变色龙是变温动物，并不能像恒温动物那样自动调节体温。为了应对温度变化，变色龙需要不断地变换体表颜色。我们都知道，深色可以吸热，浅色则有利于散热。变色龙变色就是应用了这个原理。

当气温升高时，变色龙的皮肤颜色会变淡，仿佛穿上了冰丝衬衫。当它感到冷的时候，皮肤颜色会变深，仿佛穿上了暖心小棉袄。

那么，变色龙是如何在这样短的时间内完成“换装”的呢？原来，变色龙的皮肤里面有很多含有纳米晶体的虹彩细胞。变色龙通过放松或收紧皮肤，改变虹彩细胞内纳米晶体的排列，进而改变反射光的种类，这样一来变色龙身体的颜色就会发生变化。

当变色龙放松皮肤时，纳米晶体间的距离较近，波长较短的蓝光就会与皮肤的黄色细胞混合，反射出绿色的光，使变色龙呈现绿色。当变色龙收紧皮肤时，纳米晶体间的距离会变远，波长较长的红光会与皮肤的黄色细胞混合，变色龙就会变成红色或橙色的了。

有了这个技能，变色龙就可以在天敌到来时很好地隐藏自己，还可以在捕食时不动声色地靠近猎物，弹舌间猎物已入肚中！不过，只有雄性变色龙才会变换丰富的颜色，雌性和幼年个体的颜色远没有成年雄性的艳丽。

变色龙最拿手的绝活就是变色。

变色龙有话说

除了前面介绍的变色本领，我们变色龙家族的成员还有另一个特殊的本领——眼球 360 度独立转动。我们可以一只眼睛盯着前方，另一只眼睛观察后方，目力所及之处的昆虫都逃不过我们的双眼。

如果动物园安排了变色龙展出，小朋友们一定不要忘了到两栖爬行动物馆看我们，到时候我们会给大家表演一段精彩的“变装秀”。

我住在两栖爬行动物馆。

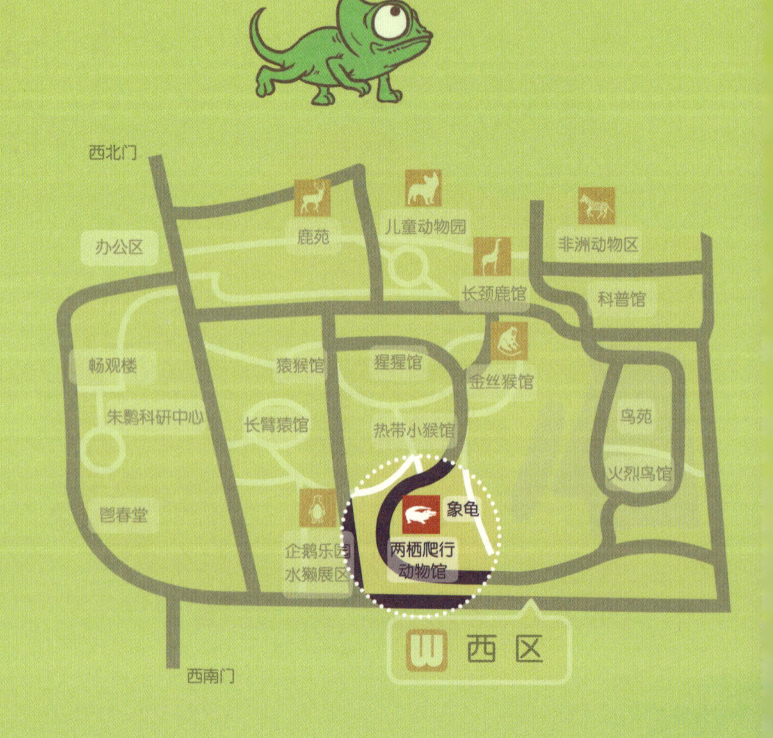

四格漫画

猎豹 Cheetah

披着美丽花袄的顶尖小猎手

“似虎不是虎，速度快过虎，身披花点衣，羚羊填饱肚。”小朋友们，你们能猜到它是什么动物吗？没错，它就是人称“短跑冠军”“美丽猎手”的猎豹。你们想知道猎豹身上的花纹有什么作用吗？带着这个问题，让我们认识一下今天的主角——猎豹！

孩子，那是我
们的晚餐。
妈妈，那是什么？

思维导图

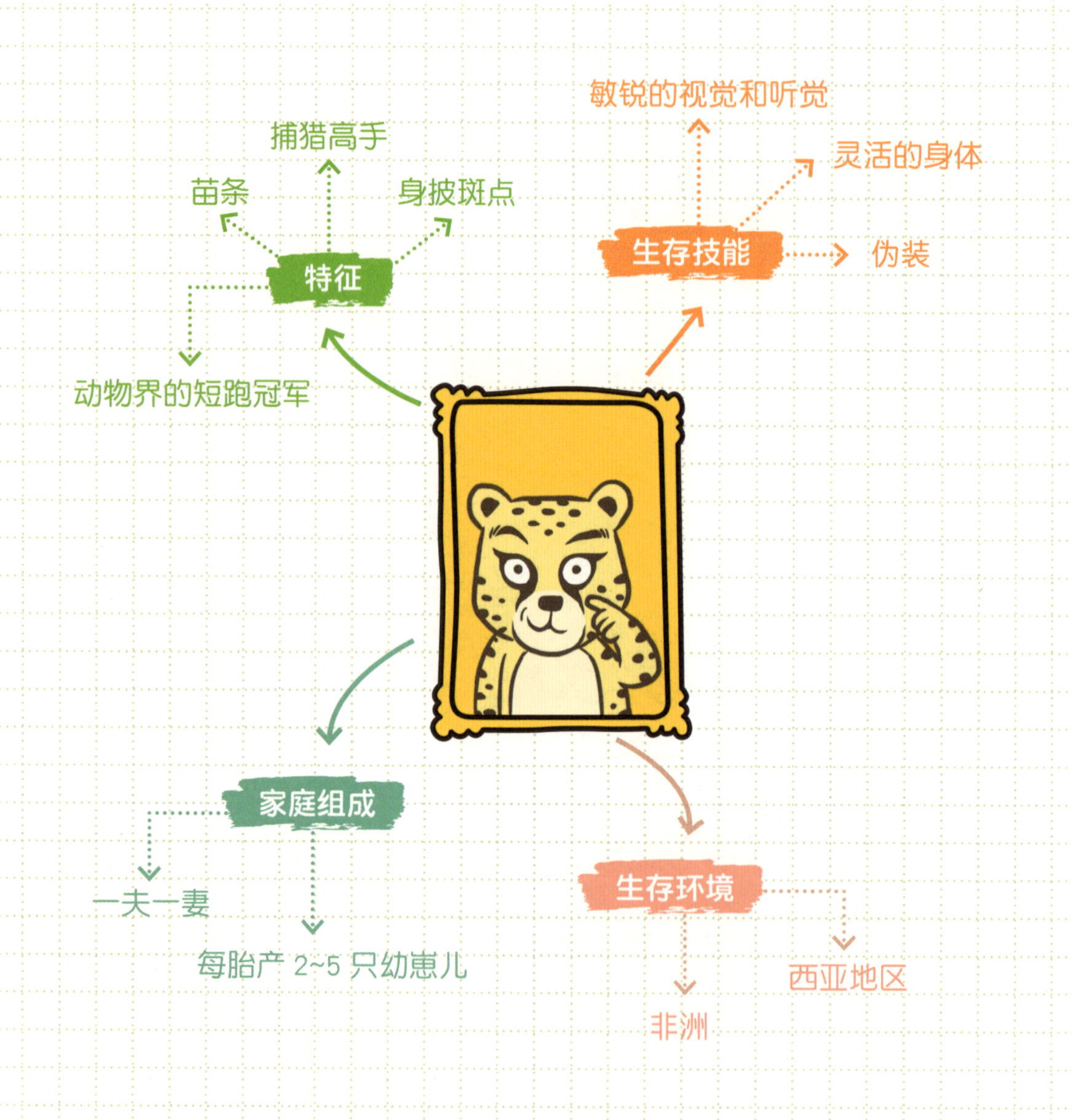

特征
捕猎高手
苗条
身披斑点
动物界的短跑冠军
生存技能
敏锐的视觉和听觉
灵活的身体
伪装
家庭组成
一夫一妻
每胎产 2~5 只幼崽儿
生存环境
西亚地区
非洲

如何区分美洲豹、花豹、猎豹？

小朋友们，你们能分清美洲豹、花豹和猎豹吗？

区分这三种动物最直接的方法就是看斑点。这三种动物都有华丽的外表，它们的被毛都呈黄色、腹部为白色，身上的斑点虽然都是黑色的，但形状却各不相同。

我们平时说的豹子一般指花豹，它的身上遍布黑色环斑，这些黑斑既像梅花，又像古代的铜钱，因此花豹又被称为“金钱豹”。

美洲豹又称美洲虎，它身上的斑点与花豹类似，不同之处在于美洲豹身上的黑色环斑内部有小圆点，而花豹身上的黑色环斑是空心的。

猎豹身上的斑点是比较规则的黑色实心小圆点。虽然猎豹常被误认为是花豹，但除了斑点形状不同，二者最明显的区别是猎豹的脸上有两条长长的泪纹，从眼角贯穿到嘴部，很容易辨识。

虽然美洲豹、花豹、猎豹身上的斑点形状各不相同，但其功能却是一样的，这些斑点有助于它们更好地隐蔽在森林或灌木丛中，以便发动突然袭击。毕竟伏击可是所有猫科动物必备的生存技能！

猎豹、花豹和美洲豹，身上斑点是不一样的。

保育员说

猎豹为什么会有花纹？

接下来，我们把目光重新投向今天的主角——猎豹。

猎豹是一种体态矫健的食肉目猫科动物，它们通常栖息在温带和热带草原上，包括半沙漠地区、稀树草原和裸岩区域。猎豹的头小而圆，体形纤细，腿长，体表遍布黑色斑点，十分漂亮。

如果你认为猎豹长花纹只是为了美丽，那就错了！短跑冠军、捕猎达人的头衔，并不是靠外表获得的。

猎豹的花纹主要分布在面部和身体上，面部最明显的是泪纹，身上则是实心斑点花纹。那么，猎豹的花纹具体有什么作用呢？

猎豹眼角处有一条独特的黑色泪纹，从眼睛一直延伸到嘴巴。动物学家认为，这条泪纹可以保护猎豹的眼睛免受阳光的刺激，从而使其视野更加开阔，帮助它远距离瞄准猎物。

猎豹身上的斑点是有隐藏、迷惑的作用。如果站在阳光下一动不动，其他动物很难发现它的存在。因为那层有着黑色斑点的黄色被毛，能够在自然环境中混淆（hùn xiáo）视线。

总之，猎豹身上的花纹并不是随意长成的，而是漫长进化的结果。

小知识

猎豹的体态修长，有四条长腿，腰部纤细，没有一丝赘（zhuì）肉，非常健美。猎豹的爪子不能伸缩，这一特征更类似于犬科动物。它的脚爪就像跑鞋的钉子一样，在高速奔跑时能够牢牢地抓住地面，防止滑倒。除此之外，猎豹还有一条长尾巴，可以帮助它在飞奔中保持身体平衡。

你知道吗？猎豹是陆地上速度最快的短跑健将！2012 年，美国国家地理杂志在辛辛那提动物园测得：一只猎豹只用了 5.95 秒就跑完了 100 米，最高时速可达 98 千米，比我们在路上开车还要快！

猎豹的体态非常健美，是陆地动物中的短跑冠军。

猎豹有话说

我们只是长得凶悍（hàn），其实很脆弱。据统计，目前全球只剩下不到 7500 只野生猎豹，并且遗传多样性非常单一，一旦出现传染病之类的情况，我们就将危在旦夕 。所以希望小朋友们爱护环境，保护野生动物，让我们能继续在草原上奔跑！

来猫科动物馆找我玩儿吧！

四格漫画

我的花豹兄弟，抱抱！

不抱！

花豹身上是梅花，我身上是黑点。
所以你是……

是我的猎豹兄弟！抱抱！

梅花鹿 Sika Deer

时隐时现的梅花烙印

“头长小树杈，身披白梅花；四腿细又长，速度如闪电。”小朋友们，你们能猜出谜底吗？答对了，是梅花鹿！梅花鹿身上有漂亮的白色斑点，雄性梅花鹿头顶还有一对酷似树枝的犄（jī）角。你知道它们身上的斑点和犄角有什么作用吗？这些胆小的动物又是如何保护自己的呢？

思维导图

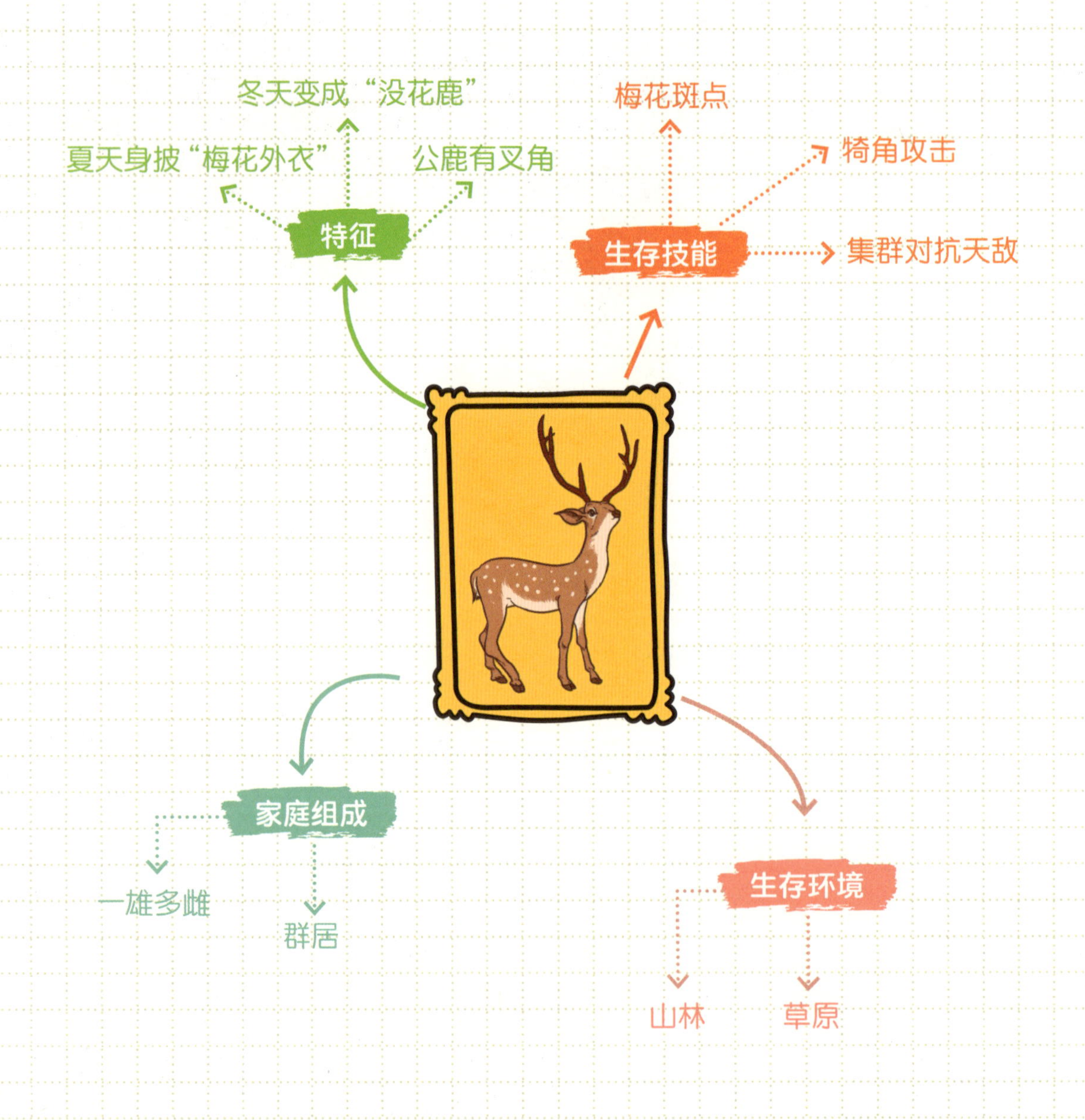

冬天变成“没花鹿”
夏天身披“梅花外衣”
公鹿有叉角
特征
梅花斑点
犄角攻击
生存技能
集群对抗天敌
家庭组成
一雄多雌
群居
生存环境
山林
草原

古代吉祥物

鹿是神话传说中的仙兽，经常出没于仙山之间，负责保护仙草灵芝，它还是寿星的坐骑。鹿不仅寓意祥瑞、长寿，也寓意富裕，因为“鹿”与“禄”同音。一百头鹿在一起，称为“百禄”；鹿和蝙蝠在一起，表示“福禄双全”。诸侯纷争时期，人们常用“逐鹿”喻义争天下，鹿因此成了帝位的象征。文艺作品中也常出现鹿，且多以正面形象示人，比如，经典动画片《九色鹿》里助人为乐的神鹿。

知道鹿包含了这么多美好的寓意后，小朋友们是不是更喜欢鹿了？

保育员说

时隐时现的梅花烙印

梅花鹿生活在针阔混交林的山地草原地区，辽阔的草原环境让梅花鹿习得了快速奔跑的技能。它们生性胆小，常隐藏于树林深处，不易被发现。那么，胆小、机警的梅花鹿怎么保护自己呢？

梅花鹿的身上遍布梅花状的白色斑点，这使它们获得了“梅花鹿”的美名，其实这些白色斑点是它们特有的保护色。当它们身处林野间时，这些斑点会让它们在树木之间隐身，极难被天敌发现。

春夏时天气暖和，梅花鹿的被毛会变薄，梅花状斑点就会特别明显，于是大家便能清楚地看到它们身上穿着的“花外套”。到了秋天，随着天气变凉，梅花鹿被毛的颜色会变得越来越深。到了冬季，它们的体毛会变成更深的褐色，斑点会变成类似枯茅草的颜色，仿佛脱下了“花外套”。这是为了适应周围环境，更好地保护自己而进化出来的“换装技能”。

为适应环境的变化，从而保护自己，梅花鹿一年会换两次装。

梅花鹿的防御术

大自然中的生存斗争非常激烈，危险时常发生。对梅花鹿来说，仅靠一身“花外套”是远远不够的。俗话说“技多不压身”，除了外形伪装，梅花鹿还有非常敏感的听觉和嗅觉系统。稍有风吹草动，它们就会发现。

与母鹿相比，公鹿的防御力和攻击力更强，这是因为公鹿的头上有一对骨质角，且年龄越大，角叉越多。到了每年四五月份，公鹿就会用角蹭树干，从而提高自己的战斗力。

梅花鹿深谙（ān）“团结就是力量”的道理，它们会通过结群活动来保护自己。一家人整整齐齐地在一起觅食、嬉戏，互相保护。鹿群进食时，会专门指派一只梅花鹿放哨。如果发生危险，它会用叫声告知其他梅花鹿赶紧撤离。

小知识

公鹿蹭树磨角还有一个目的，就是跟其他公鹿争夺交配权。获胜的公鹿会与母鹿组建家庭。

公鹿喜欢用犄角疯狂蹭树干，把犄角磨尖。

梅花鹿有话说

嗨，小朋友们！我就是动物界的“时髦（máo）大师”梅花鹿。我的形象深入人心，给大家造成了一种“处处皆有梅花鹿”的错觉。其实，我们是国家一级保护动物！野生梅花鹿在中国已是濒危物种，总数不到1000只。大家要是来动物园游玩，一定要多多关注我们！

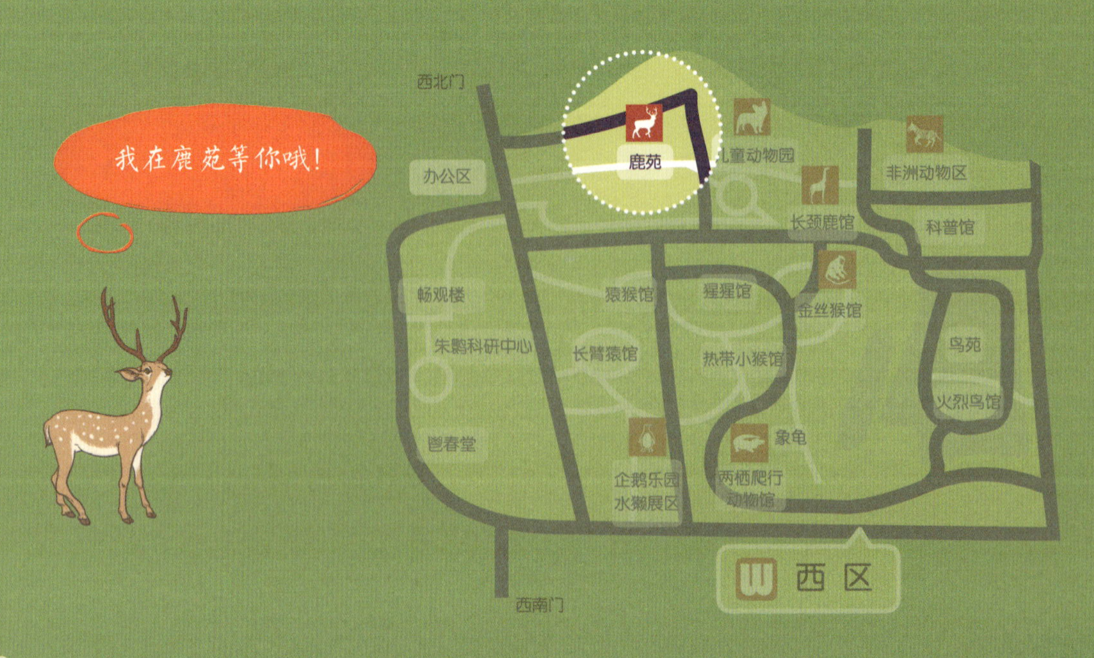

四格漫画

蛇 Snake

实用派“时尚达人”

蛇是一种神奇的动物，不同种类的蛇会有不同的特点和习性，有些蛇甚至能改变鳞片的颜色。蛇为什么要变色？除了变色，蛇还有其他厉害之处吗？接下来，就让我们一同探索吧！

今天穿哪件衣服好呢？

思维导图

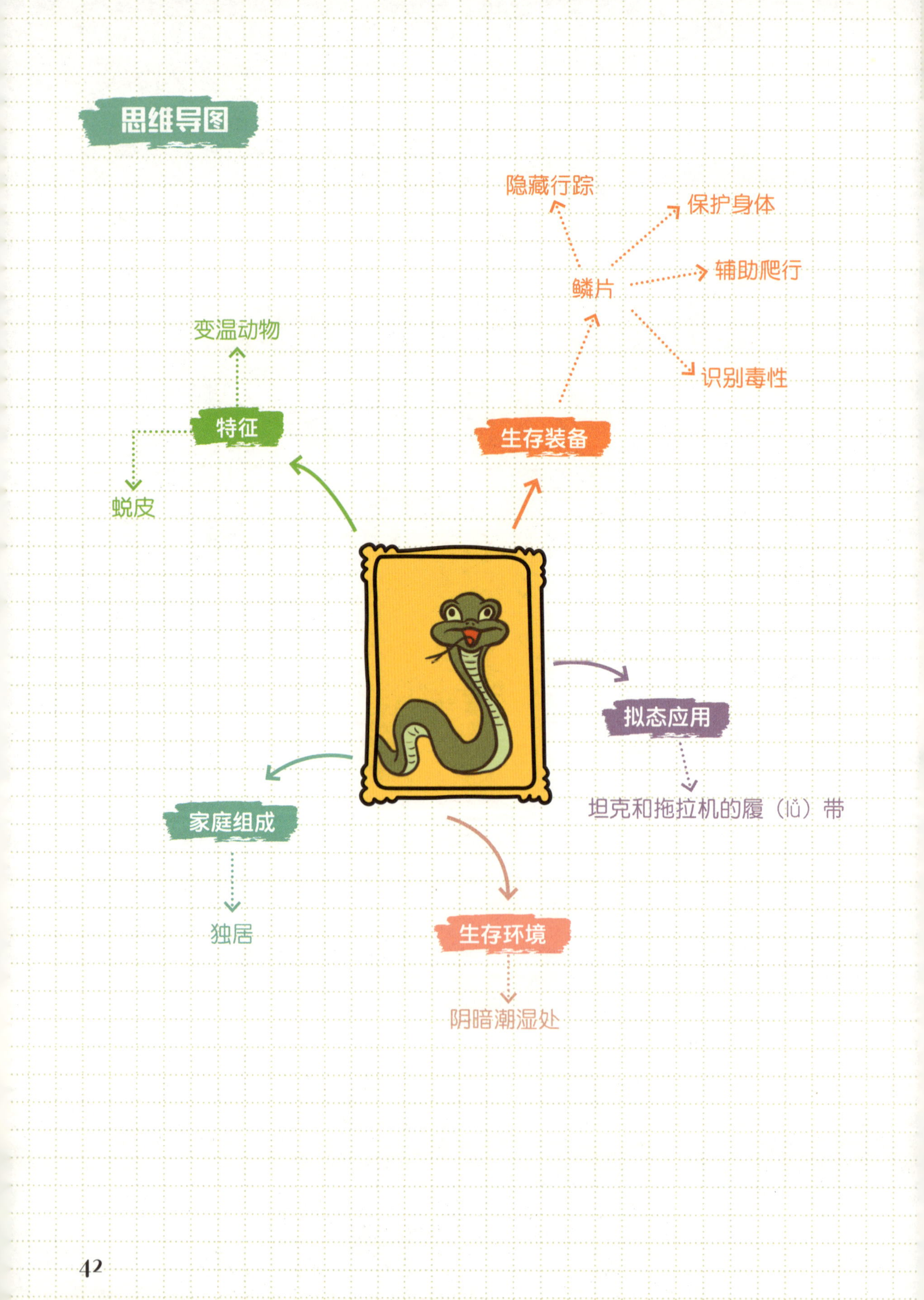

隐藏行踪
保护身体
鳞片
辅助爬行
变温动物
识别毒性
特征
生存装备
蜕皮
拟态应用
坦克和拖拉机的履（lǚ）带
家庭组成
独居
生存环境
阴暗潮湿处

奇葩说

蛇没有耳朵

爱观察的小朋友可能已经发现了：蛇是没有耳朵的！那它们是不是听不到声音了呢？实际上，蛇虽然没有外耳，但它们有一套神奇的听觉系统，可以通过骨骼和肌肉感受声音的振动，这种听觉系统被称为“颅（lú）内听觉”。有了这套听觉系统，蛇就能够感受到运动中产生的声波，从中获取周围环境的信息，提高寻找食物、躲避天敌的效率。这样看来，蛇即使没有耳朵，也能“听到”声音！

小知识

蛇身上的鳞（lín）片是保护身体的“盔（kuī）甲”，在一定程度上可以抵御大自然或者天敌的伤害。蛇的腹部鳞片与肋骨相连，当它“行走”的时候，肋（lèi）骨会牵动鳞片翘起来，使之与地面接触，形成前进的摩擦力。依靠这股力量，蛇就可以爬行了。

坦克和拖拉机上的履带，是受蛇的运动模式的启发而发明的。

保育员说

好看又好用的花衣裳

蛇是十二生肖之一，自古以来就有许许多多关于它的传说：有《白蛇传》里善良美丽的“白娘子”，也有《葫芦娃》里诡计多端的“蛇精”。

蛇的身体又细又长，表面覆盖着各色美丽的鳞片，这些鳞片有什么作用呢？鳞片可以帮蛇隐藏行踪。鳞片的颜色和图案取决于周围的环境，比如，在沙漠中生活的蛇通常拥有沙色或棕色的鳞片，而栖息在树上的蛇则带有树皮一样的斑点。这都是蛇为了适应环境而形成的保护色。为了不引起天敌和猎物的注意，蛇会努力让自己与周围的环境融为一体，从而更好地在大自然中生存。这么看来，“穿什么颜色的衣服”也是一门值得研究的学问呢！

不断更新衣橱的“时尚达人”

就像小朋友们不断长大，衣橱里的衣服也要随之更换一样，当蛇的身体长到一定程度时，就要把干燥、不合身的皮肤脱掉，换成新的皮肤。蛇平均每年蜕（tuì）皮 2~3 次。蜕皮之后，蛇的身体就会变得更大、更强壮，食量也会增加。

蛇在蜕皮之前会停止进食。因为食物会撑起蛇的腹部，大大的肚子可不方便蜕皮。蜕皮时会消耗很多能量，蛇会因为没吃东西而变得非常虚弱。如果在蜕皮期间遇到了敌人，无论是逃跑还是攻击，都会导致蜕皮失败。因此，在野外遇到正在蜕皮的蛇时，千万不能打扰它们。

蛇有话说

我们是野生动物，当受到挑衅或威胁时，会因为恐惧而采取自卫行为。要是被我们家族中有毒的成员咬伤，可就不得了了！如果在野外遇到我，千万不要用手或其他物体戳我。先冷静下来，与我保持安全距离，然后慢慢地后退着离开。切忌突然移动，这可能会引起我的警觉并发动攻击。

虽然我住在两栖爬行动物馆，但是你不一定能找到我。

四格漫画

飞过去……

飞回来……

找口吃的真不容易……

螳螂 Mantis

天生的“拟态大师”

“头戴绿帽，身穿绿袍，腰细肚大，手持双刀。”说的就是螳螂！你知道吗？螳螂是一种非常厉害的昆虫，不但捕食能力强，伪装本领也非常出色。它是如何捕食，又是如何伪装的呢？让我们走进螳螂的世界一探究竟吧！

我的绿西装好看吗?

思维导图

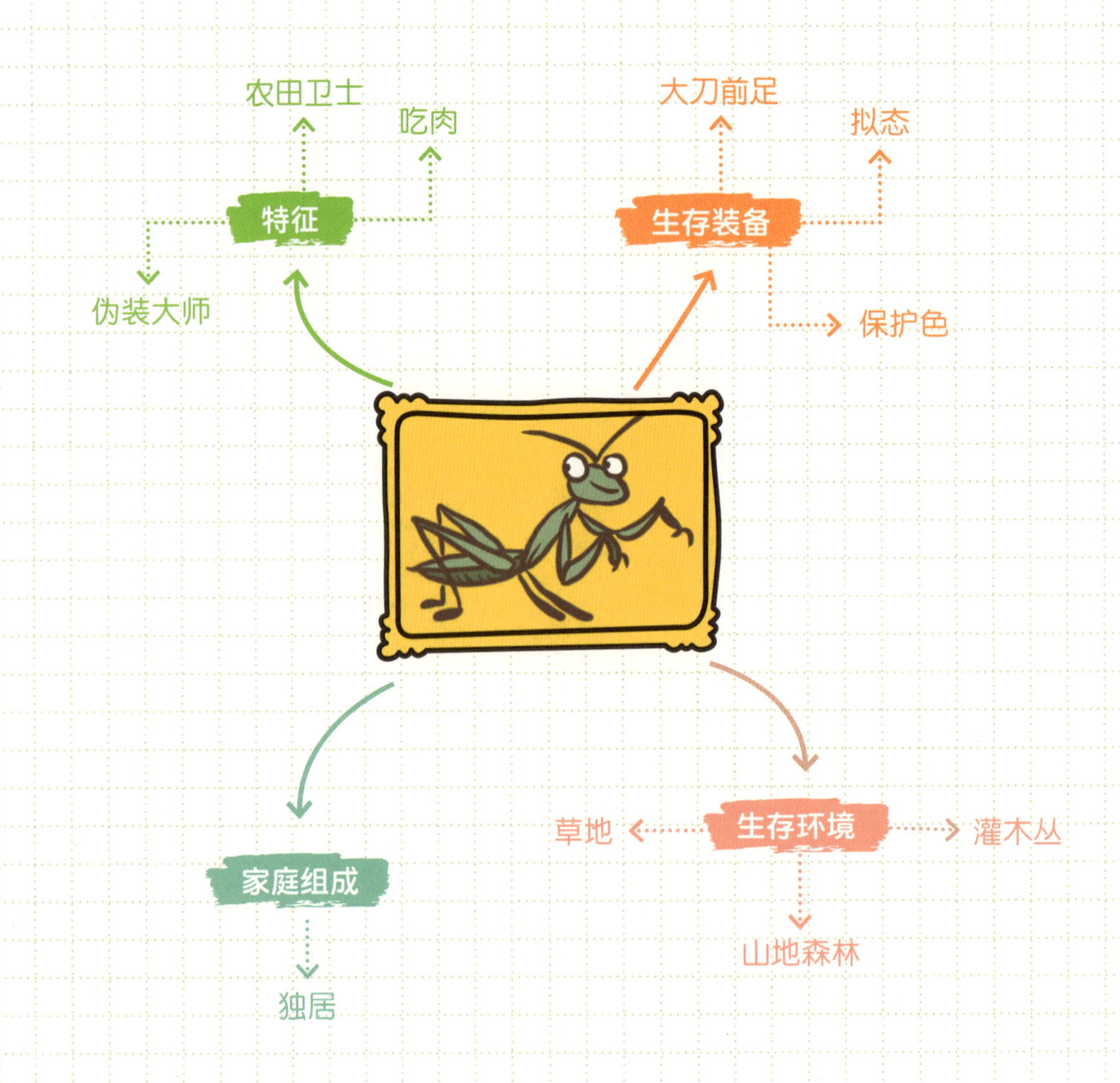

奇葩说

令人意想不到的生存技能

大自然中，危险无处不在。为了保护自己，螳螂在身上装了许多“武器”，这些武器虽然外形奇特，但在捕猎时却非常实用！

螳螂的第一个武器是前足。螳螂的前足非常灵活，活动幅度特别大。螳螂在捕猎时会化身“刀客”，边缘呈锯齿状的前足就像大刀一样，能快速出击钩住猎物。

螳螂的第二个武器是一套完整且有效的“瞄准设备”——眼睛。螳螂拥有一对复眼和三个单眼，这使得它们对周围环境的变化具有极高的敏感度和反应速度。复眼不仅能提供广角视野，还能快速跟踪移动的目标；单眼能感知颜色和光线的方向，帮助螳螂在不同的环境中成功捕食。除了超级视力，螳螂的胸部还有两个小洞，洞的内部有膜和神经元，可以感知震动和声音的方向。这种独特的听觉系统可以帮助螳螂在有障碍物和噪声的环境中定位和捕捉猎物。

螳螂的第三个武器是颈膜上的几百根纤毛。这些纤毛可以帮助螳螂更准确地探测到移动的物体。等到时机成熟时，螳螂便猛扑上去，捕获猎物。这个过程只需要0.05秒，可谓高手中的高手！

螳螂拥有一对复眼和三个单眼，这使得它们对周围环境具有极高的敏感度和反应速度。

保育员说

昆虫界的“伪装大师”

螳螂是一种肉食性昆虫，主要以其他昆虫和小动物为食。螳螂虽然长得凶悍，却是大名鼎鼎的农田卫士！某些成年螳螂的身体大概有小朋友的手掌那么长。

实际上，螳螂不仅具有高超的捕猎本领，它们的伪装技巧也相当厉害。说到昆虫界的“伪装大师”，螳螂一定**榜上有名**！螳螂有很多种不同的伪装方式，大部分螳螂是利用丰富多样的保护色伪装，也有一部分是通过拟态的方式迷惑天敌。

有些螳螂可以把自己拟

小知识

螳螂有很强的防御能力。当螳螂感受到威胁时，它会立即采取一系列防御措施来保护自己。比如，张开两对前足，露出类似于眼睛的黑色圆斑，威慑并吓跑敌人；或者迅速晃动身体，利用“大刀”前足进行反击，以保护自己免受伤害。

当螳螂感受到威胁时，它会立即采取一系列防御措施来保护自己。

态成树枝、树叶和花朵，让身体颜色、纹理与周围的环境融为一体，以达到**瞒天过海**的目的。你可能会问，螳螂为什么要这么卖力地伪装自己呢？答案很简单：为了提高捕食猎物的成功率！当你在自然界中碰到那些一动不动的螳螂时，千万不要错过观察的机会！它们正在你的眼皮底下，等待的猎物自投罗网，然后美餐一顿呢。当然，伪装也能避免螳螂被其他动物吃掉。

螳螂有话说

也许你能在科普馆找到我。

你们知道吗？人类根据我们的捕猎动作编制了一套拳法，就是非常厉害的螳螂拳！在数百年的时间里，螳螂拳经过不断地创新发展，已经成为中国国家非物质文化遗产保护项目！小朋友们要多向我们学习，锻炼好身体，这样才能健康成长！

四格漫画

可恶！老大往花上飞，
被装成花的螳螂吃了！

老二往树枝上飞，
被装成树枝的螳螂吃了！

就剩下我老三……

我要往叶上飞，
被装成叶的螳螂吃了！

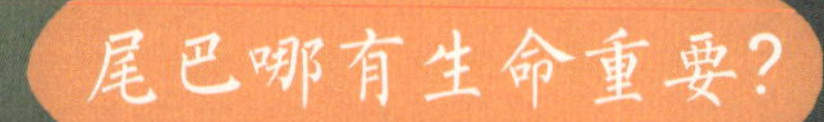

蜥蜴 Lizard

动物界的“才艺大师”

提到动物界的“才艺大师”，一定不能少了蜥蜴！蜥蜴是爬行动物，有四条腿和长长的尾巴，身体表面覆盖着密密麻麻的鳞片。它们生活在各种不同的环境中，例如沙漠、森林、草原等。蜥蜴家族十分庞大，大名鼎鼎的变色龙就是蜥蜴目中的一员！蜥蜴为什么被称为“才艺大师”呢？我们来一起寻找答案吧！

思维导图

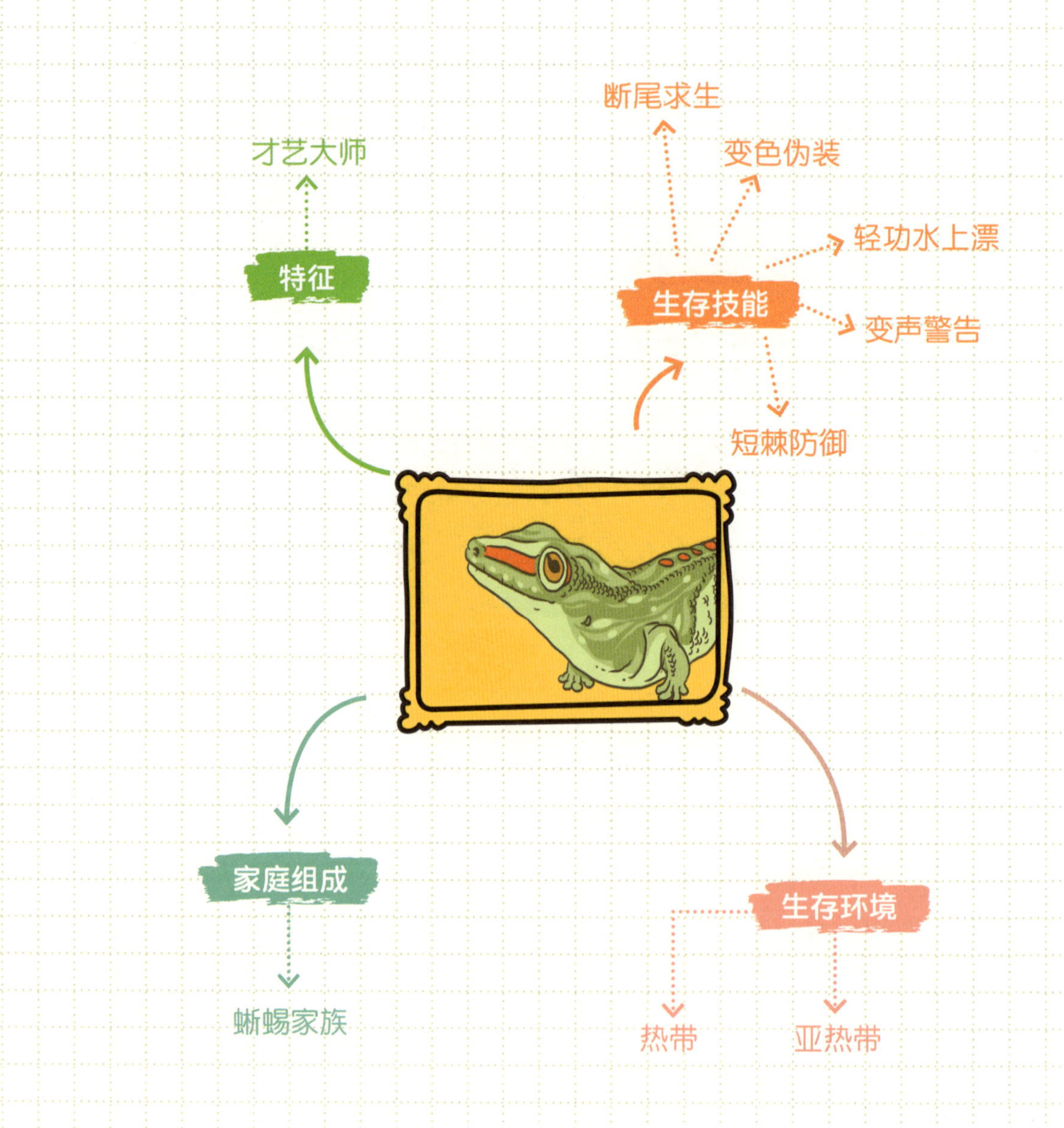

奇葩说

随身衣橱，即刻变身

蜥蜴是出色的伪装专家。作为爬行动物，它们生活在各种环境中，可以通过多种方式与周围的环境融合，来逃避天敌的追踪。色素细胞伪装法就是多种伪装法中的一种。蜥蜴身上有数以百万计的圆点细胞，当感受到威胁时，这些细胞就会释放不同的色素，从而改变身体颜色，让蜥蜴在环境中隐藏自己。

当然，纹理伪装法也同样厉害！有些蜥蜴的皮肤上会有与周围环境相似的纹理，这使得它们很难被捕食者发现。还有一些蜥蜴采用的是变形策略，比如角蜥可以扁平化身体，让自己像树干或石头一样不起眼，从而迷惑捕食者。再比如伞蜥，遇到捕食者时，它们会突然站起来，张大嘴巴并将颈部像斗篷一样的伞状皮膜撑开，以此来吓住对方，并趁对方分神之时**逃之夭夭**。

此外，蜥蜴也是具有高适应性的动物，有些种类甚至能在水下待半个小时以上！比如，“哥斯拉”的原型海鬣（liè）蜥，虽然它们在陆地上行动笨拙，但是到了海中却非常灵活，可谓“游泳健将”，它们可以利用肺里的空气，长时间在海中觅食。如果你在户外散步时看到了一只蜥蜴，不妨保持距离观察一下，也许会发现它身上的有趣细节！

科学家通过研究蜥蜴的变色隐身原理，开发出了迷彩伪装战斗机。

保育员说

动物界的“逃生大师”

你知道吗？蜥蜴可是**当之无愧**的逃生大师！我们先来看看蜥蜴的“大招”——断尾逃生。蜥蜴的尾巴有一个特殊的结构——“尾桥”，它连接着脊柱和尾部肌肉。当蜥蜴受到攻击或者遭遇危险时，尾部会发生一连串的肌肉收缩反应，这些反应所产生的力量会造成尾椎骨的连接处，或者某枚椎骨内部相对脆弱的截面断裂，从而使尾巴脱离身体，奇妙的是，断掉的尾巴会在短时间内跳动一阵，吸引敌人的注意力，而蜥蜴便趁此机会溜之大吉了。这个技能是不是有点酷呢？需要注意的是，并非所有蜥蜴都能实现断尾逃生，有些不能断尾的蜥蜴要通过其他防御方式保护自己。

重新长出尾巴并不容易，所以蜥蜴只有在万不得已时才会使用这一招。蜥蜴断尾后会消耗大量的能量，需要重新调整代谢功能，以求尽快长出新尾巴。新生的尾巴通常短小粗糙，缺乏色彩和光泽，不如原来的好看，但也能够帮助蜥蜴继续快乐地生活。

断掉的尾巴可以吃吗？当然可以！对于捕食者来说，虽然没有吃到一整只蜥蜴，但是收获一截断掉的尾巴，也能勉强塞个牙缝。令人意想不到的是，如果捕食者没有吃掉断尾，一些蜥蜴会在捕食者离开后，回来把自己的断尾吃掉。因为蜥蜴的尾巴中储存着一部分脂肪，可以为蜥蜴提供能量和营养。

如此看来，蜥蜴的“断尾术”真是一种十分聪明的自我保护机制呢！

小知识

在蜥蜴家族中，不仅有“逃生大师”，还有“资深演员”！比如说鳄蜥，它是一种古老的蜥蜴。鳄蜥被抓时，会立即进入假死的状态：一动不动，全身僵（jiāng）硬。这种状态只是暂时的。如果逮到了机会，鳄蜥就会反咬一口，死死地咬住敌人不松口。是不是非常强悍呢？

别抓我，不然装死给你看！

鳄蜥被抓时会立即进入假死状态来保护自己。

蜥蜴有话说

欢迎来到我的世界！我四肢短小却超级灵活，能够在地面或树枝上轻松奔跑、攀爬。我的皮肤变化多样，会呈现出不同的颜色和花纹样式，跟周围的环境融为一体，像隐形了一样，是不是很厉害呀？

虽然我们长得凶猛，但性格很温顺。我们在自然界中扮演着重要的角色，可以控制昆虫和小型动物的数量，让整个生态系统保持稳定。所以，保护我们就是保护环境！

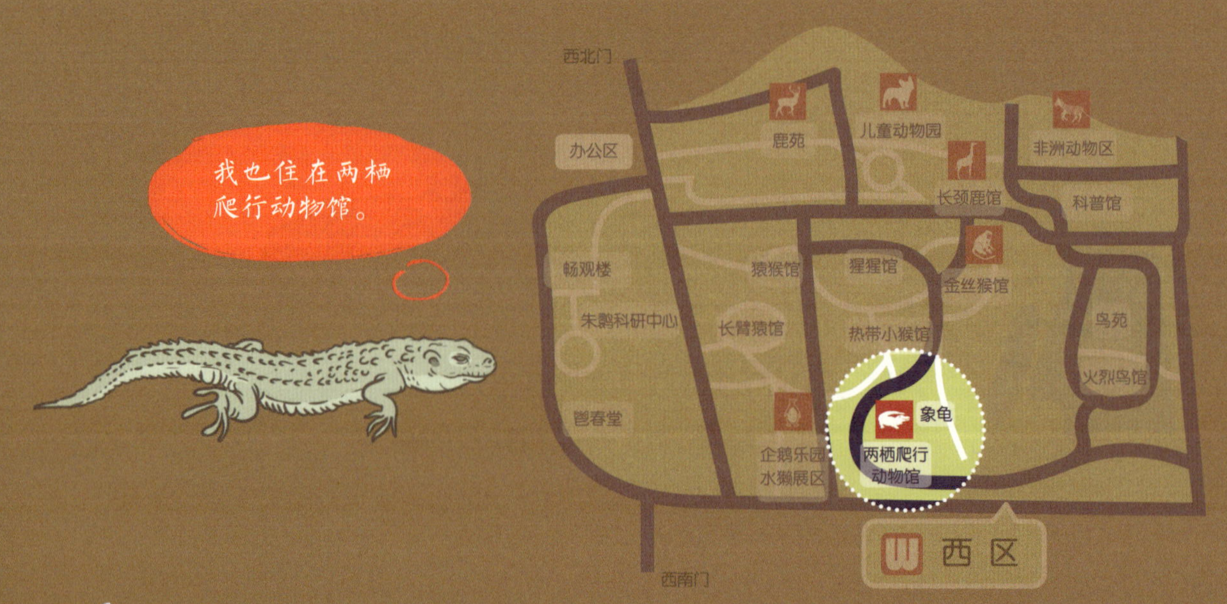

四格漫画

竹节虫 Stick Insect

天生的“伪装者”

小朋友们，你们听说过竹节虫吗？它身形修长，有些长得像竹子，有些长得像树枝，但实际上是一种昆虫！它能够伸缩身体，变换姿态，甚至会像杂技演员一样在林木间自由爬行，是昆虫界著名的“拟态大师”。你想知道它有哪些本领吗？一起来看看吧！

思维导图

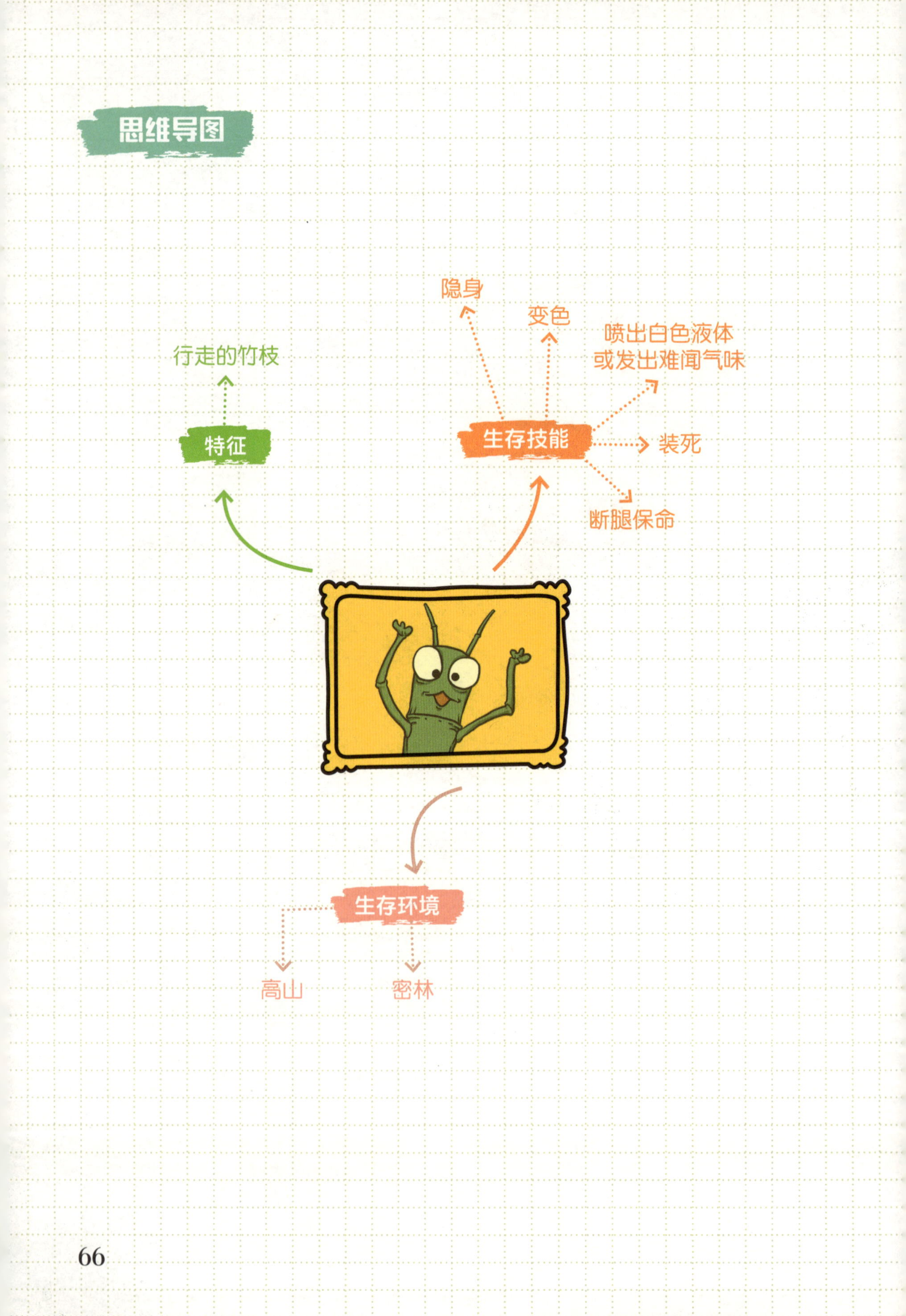

奇葩说

昆虫界的超级“伪装者”

竹节虫是一种生活在森林或竹林中的小昆虫，它们长得非常可爱，身体通常呈淡黄色或浅绿色，上面还有一些黑色斑点。它们的身体形状像一根细长的竹枝，因此得名“竹节虫”。

外形伪装是竹节虫的一项重要生存技能。它们常常躲藏在竹叶、竹竿或者枯萎的竹子之间，看上去就像是一根绿色的小竹枝。如果不仔细观察，很难发现它们的真实面貌。此外，竹节虫可以通过改变身体长度、弯曲度以及颜色等方式让自己进一步融入周围的环境中。当竹节虫感知到危险时，它们还会迅速蜷缩（quán suō）身体，或者伪装成下垂的枯叶、枯萎（wěi）的竹枝，从而保护自己。这种以假乱真的本领，在生物学上被称为“拟态”。竹节虫常被人称作“拟态大师”，这可不是**浪得虚名**。

小知识

你知道吗？竹节虫的颜色会随着光线而变化。在阳光明媚时，它们的颜色会更加鲜艳，而在阴天或黄昏时则会变得暗沉。研究表明，竹节虫可以感知和适应不同的光环境，并据此改变自身的颜色以达到更好的保护和融合效果。真是太神奇了！

保育员说

竹节虫的三种“自卫术”

除了厉害的拟态，竹节虫还是资深的“自卫术专家”！接下来，就为大家介绍一下竹节虫的三种“自卫术”！

第一种，是“杂技式自卫”。竹节虫不光为自己设计了精妙的“防御服装”，还通过行为伪装来保护自己。比如，爬行时会走迂回曲折的路线避开敌人，还会缓慢地摇晃身体，模仿被风吹动的竹叶，进一步增加伪装的效果。

小知识

竹节虫是一种非常古老的昆虫，它的化石记录可以追溯到约 2.5 亿年前的二叠纪。据科学家推测，在恐龙时代，竹节虫就已经超过了 2 万种。随着环境的变化，竹节虫的数量开始减少，但它们仍然存活至今。多亏了它们出色的伪装能力！能活这么久，没点儿真本事可是不行的！

竹节虫的外形伪装是生存中的一项重要技能。

第二种是“装死”。当竹节虫发现栖息的树枝开始震动，生命安全受到威胁时，它会立刻停止移动，弯曲身体并收紧肢体，连续几分钟保持同一个姿势。有时还会刻意让自己从树上掉下去，装作坠落的树枝。等到危险解除，它便伺机**溜之大吉**！

最后一种是“断腿求生”。当竹节虫遇到危险时，它会快速挤压身体，切断节肢神经，让腿自动分离，吸引捕食者的注意力，让竹节虫有机会逃脱。竹节虫蜕皮后还会长出新的腿。它们强大的生命力真是太令人惊叹了！

竹节虫遇到危险时会自断一条腿吸引捕食者的注意力，伺机逃脱。

竹节虫有话说

相信你们已经非常了解我们成年时期的伪装本领了吧！但其实我们小时候的伪装术也是一流的。妈妈会把卵粒粘在树叶上、草丛里，这样就很难被天敌发现了。我们有着奇形怪状的坚硬卵壳，外表是棕色或暗黄色，像极了植物的种子，这种伪装术也能够保证我们躲避天敌，平安长大。

四格漫画

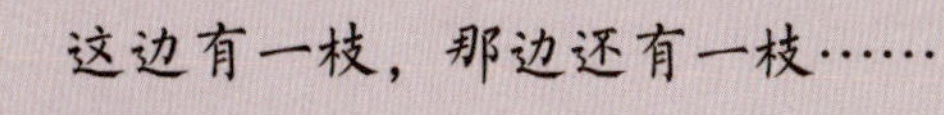

保育员的日常穿搭和使用工具

保育员都穿着统一的工作服，是一种独特的“动物园时尚”，这些看似简单的服装，实则大有来头，为什么要穿这样的服装呢？这些服装有什么功能呢？接下来就让我们带着这些问题一探究竟吧！

1. 身份的象征

保育员穿着统一的工作服，是为了让游客迅速识别出他们的身份，进行问询和求助。也是为了将工作人员与普通游客区分开，有利于动物园的管理。

2. 防护的盔甲

因为动物园保育员的工作性质比较特殊，经常需要近距离接触动物，如果凑巧动物心情不好，或玩闹时下手太重，都可能造成保育员受伤。所以保育员的衣服大都材质坚硬，不易破损。

3. 防水的套装

保育员的工作服一般是特质的涂层防水布所制，防水防潮，便于保育员工作。此外，这种面料还具有耐脏、易清洁的好处。无形之中减少了保育员的很多清洗负担呢！

动物们的饮食住行都依靠保育员的精心照料，因此除了专业的工作服，称手的工具也是保育员必不可少的“秘密武器”。保育员经常使用哪些工具呢？这些工具又有什么妙用呢？让我们一起想一想吧！

1. 清洁工具

手持工具，如耙子、扫帚、拖把等；消毒工具，如兽用消毒机、消毒喷雾机等。保育员会定期清扫动物们生活的区域，保证清洁和卫生，让动物们能够更开心、更健康地生活。

2. 检疫工具

基础的检疫工具有采样器、检测仪器和消毒设备等。动物聚集的地方很容易产生致病菌，因此动物园会定期请来专业的动物疫病专家对动物们进行检疫，排除隐患，保证动物们和游客的健康。

3. 运输工具

小朋友们都知道，一些大型动物的食量很大，一天就要吃掉几十、上百公斤的饲料。人工运输这些食物显然既辛苦，又费力，因此保育员会借助小推车、铲车等运输工具协助工作。

成为保育员的必备条件

看到动物们和保育员之间的“有爱小互动”，有的小朋友可能会对保育员这个职业心生向往。他们不仅可以一直待在动物园，还能随时随地和动物们玩耍，看似十分轻松，可实际上保育员的工作可并不容易哦。如果你也有这样的想法，不妨看看这些成为保育员的必备条件吧，了解以后再做决定也不迟哦！

1. 学习知识

要学习与动物有关的知识，攻读相关学位，取得动物医学、动物科学、兽医、畜牧等相关的专业学历或证书。学习专业知识是成为一名合格的保育员的基础条件，只有认识动物、了解动物，学习科学的饲养方法，才能更好地去做饲养工作。

2. 实践培训

光有知识还不够，我们还要懂得如何把这些知识应用到实践中。有的小朋友对动物的知识可以倒背如流，要照顾小动物时却会手忙脚乱。准保育员也是一样，他们往往要经过充分的实践，才能真正作为一名保育员，承担起照顾、保护动物的工作。

3. 安全意识

别看动物园里的动物们大多数时间呆萌可爱，很少发怒，但动物们一旦生气，就可能给人类带来严重的伤害。保育员是与动物们最亲近的人，也是最容易受到伤害的人。因此每位保育员都要有安全防范意识，确保自身和动物的安全。

4. 身体素质

动物们就像不会说话的小孩子，需要保育员有足够的耐心和爱心去理解、照顾它们。除了心理素质，身体素质也是必不可少的条件。保育员经常需要做一些体力劳动，比如清洁场馆、运送饲料等，这就需要保育员有良好的身体素质和耐力。喜欢动物的小朋友们可以有意识地培养自己的耐心，在课余时间积极锻炼身体，强健体魄、健康长大，从现在起就为成为一名保育员做准备！

研学小指南

小朋友们读完书后，一定对这些神奇的动物们充满了好奇吧？是不是也想亲自看一看它们真实的样子，听一听它们呼朋唤友的叫声呢？如果你心中仍然有很多疑问，并想要通过亲自调查研究来找到答案的话，不妨参考一下下面这份“调查研究小指南”吧，相信它会帮助你更加科学、更加有效地开展行动、解决问题，向知识的彼岸不断迈进！

当然，最简单的方法就是把自己最感兴趣的问题当作目标。确立好目标后，就可以开展下一步行动啦！

小指南之一：确立目标

行动前确立目标，就像航海出发前要确定方向。一个明确的目标是保证研究顺利开展的前提。如果你不知道如何找到自己的目标，可以从以下几个方面来思考哦！

1. 科学知识目标

目的是认识、理解有关动物的知识，比如动物的特点、习性和生存状况等。从理论上建立对动物的认知。

2. 科学探究目标

通过实地观察、模拟实验等实践方式，亲自参与研究并找出问题的答案。

3. 情感与价值观目标

通过研究，加深对生物学知识的认识，培养探索世界、动手实践的兴趣，提高保护动物、保护自然的意识。

小指南之三：记录内容

小朋友们可别小看了这个环节，如果不用笔记录下来的话，只用大脑是无法完整地记下这些零散又多样的信息的。我们可以借助本书附赠的“研学记录表”记录调查研究中发现的信息、知识和问题，这样也有助于我们总结问题，得出结论。

大家可以采用自己喜欢的方式来记录，写字、画画都可以哦！

小指南之二：寻找方法

运用科学的方法展开调查研究，是研究成功的关键。小朋友们可以从以下几种方法中选择最适合自己研究问题的方法。

1. 观察法

通过观察动物或动物标本、模型等，收集和提取信息，了解相关知识。

2. 比较法

通过观察、比较、分类、概括等科学方法，寻找二者之间的差异和共性，并对知识进行总结概括。

3. 实验法

借助各类器材和工具进行模拟实验，还原生物行为或生存环境的场景，记录实验结果并进行分析，得出结论。

选择合适的方法后，就可以正式开始研究啦！在研究的过程中还有什么需要注意的吗？别着急，小指南之三会给我们解答！

小指南之四：总结与讨论

这一部分可以邀请我们的爸爸妈妈或者好朋友一起参与进来，把你在调研中的新发现讲给他们听，也可以和他们共同讨论你没有解决掉的问题，大家集思广益，没准能在讨论中收获新知识呢！

阅读了小指南的内容后，你的思路是不是变得更清晰了呢？这本《哇！奇妙动物园》只是为小朋友们提供最基本的知识，而动物和大自然的秘密是无穷无尽的，期待你能用想象作船，行动作桨，继续探索未知的世界，和动物们成为好朋友，一起守护我们共同的地球家园。

研学记录表的使用方法

研学调查表

调查时间　　年　月　日（　　）

调 查 人　　年级　班　姓名

调查地点

你想研究什么呢？

为什么食肉动物一般不长角而食草动物会长角？

问一问： 提出研究目标和问题

你计划用什么方法研究呢？

我想通过实际观察，查阅百科书的方式研究这个问题。
我猜食草动物长角是为了防止食肉动物攻击自己。

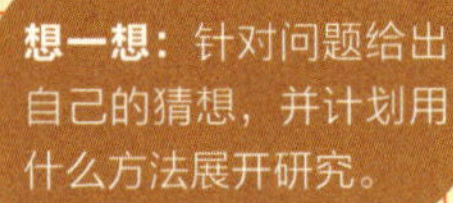

想一想： 针对问题给出自己的猜想，并计划用什么方法展开研究。

你得出了什么样的研究结果呢？

食草动物的角确实能有效对抗猛兽，在我查阅百科书的时候发现，雄性食草动物的角要比雌性大很多，这是因为雄性的角除了防御还有另一个功能，那就是炫耀，角越大、形状越复杂，越受欢迎。

做一做： 自由开展调查，将学到的内容用自己喜欢的方式记录下来。

你有什么心得体会吗？

通过学习让我认识了很多动物的角，真是太有趣了。

说一说： 总结自己学到的知识，把它们讲给爸爸妈妈或者好朋友听，和他们一起讨论。